数学超好玩

交通

［英］安妮塔·拉夫里　著
江晶　译

四川科学技术出版社

图书在版编目（CIP）数据

数学超好玩. 交通 / (英) 安妮塔·拉夫里著；江
晶译. —— 成都：四川科学技术出版社, 2022.1
书名原文：MATHS PROBLEM SOLVING:TRANSPORT
ISBN 978-7-5727-0369-0

Ⅰ. ①数… Ⅱ. ①安… ②江… Ⅲ. ①数学—儿童读
物 Ⅳ. ①O1-49

中国版本图书馆CIP数据核字(2021)第228560号

著作权合同登记图进字21-2021-289号
MATHS PROBLEM SOLVING: TRANSPORT
First published in 2018 by Wayland
Copyright © Hodder and Stoughton.2018
Simplified Chinese translation copyright © 2021 by Beijing Bamboo Stone Culture
Broadcast Co.ltd
All rights reserved.
Simplified Chinese rights arranged through CA-LINK International LLC (www.ca-link.cn)

数学超好玩 · 交通
SHUXUE CHAOHAOWAN · JIAOTONG

著　　者	［英］安妮塔·拉夫里
译　　者	江　晶
出 品 人	程佳月
责任编辑	江红丽
助理编辑	潘　甜　魏晓涵
特约策划	杨莹莹
特约编辑	闫　静
装帧设计	姦　玖
版式设计	侯茗轩
责任出版	欧晓春
出版发行	四川科学技术出版社
	地址：四川省成都市槐树街2号　邮政编码：610031
	官方微博：http://weibo.com/sckjcbs
	官方微信公众号：sckjcbs
	传真：028-87734035
成品尺寸	170 mm × 240 mm
印　　张	4
字　　数	80千
印　　刷	汇昌印刷（天津）有限公司
版　　次	2022年3月第1版
印　　次	2022年3月第1次印刷
定　　价	32.00元

ISBN 978-7-5727-0369-0

邮购：四川省成都市槐树街2号　邮政编码：610031
电话：028-87734035

■ 版权所有　翻印必究 ■

目录

交通 与有趣的数学世界

数学，是一门非常有趣且好玩的学科，它源于生活，也服务于生活。

本书从乘坐交通工具的花费、行驶速度、路程等方面切入，以身临其境的方式，提出了一些有趣的数学问题，总结了一系列计算技巧，设置了一个附加挑战。另外，本书的末尾还有与本书所学知识相关的数学名词表。

现在，就让我们一起开始有趣的数学世界探险之旅吧！

 费用

哪种旅行方式
最便宜?

    安娜一家有 4 口人，他们准备去一个很棒的远郊公园玩。可是她还没有想好应该怎么去，她希望出行费用不要太贵。那么，安娜一家乘坐下列哪种交通工具最便宜?

首先，我们把不同类型的交通工具按照费用从低到高排列。

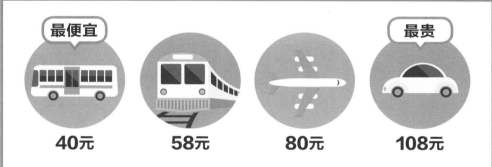

最便宜 40元 58元 80元 最贵 108元

从几种交通工具的排序情况来看，开车旅行的费用是最高的。

但是，开车旅行的费用是包含全家人的，而其他交通工具的价格都是单人费用。

接下来，我们将乘坐巴士、火车、飞机的单价分别乘以 4，再与开车旅行的成本进行比较。

巴士：$40 \times 4 = 160$

火车：$58 \times 4 = 232$

飞机：$80 \times 4 = 320$

紧接着，我们根据这些价格重新排序，从最便宜的到最贵的。

最便宜

108元　　160元　　232元

最贵

320元

由此可以看出，安娜一家开车去远郊公园最便宜。

让计算更简单！

　　在进行乘法计算时，先去掉数字后面的 0 可以使计算更简单哦！例如：要计算 40 × 4 等于多少，我们可以先去掉 40 中的 0，然后计算 4 × 4 = 16。最后再把 0 加上。

$$40 × 4 = 160$$

- -

　　对数字进行分解也能让计算变简单哦！

　　例如：要计算 58 × 4 等于多少，我们可以先将 58 进行分解：58 = 50 + 8，然后再让 50 和 8 分别乘以 4，即计算 50 × 4 = 200，8 × 4 = 32，最后再让 200 和 32 相加，得出的和就是 58 × 4 的答案，所以 **58 × 4 = 232**。

现在试试这道题吧！

　　有两位朋友想和安娜一家一起去远郊公园。但安娜家的车坐不下 6 个人，他们又不想开两辆车去。那么请问，他们去远郊公园，一起乘坐哪种交通工具最便宜呢？

乘坐公共汽车
需要多长时间？

马丁想在午饭后乘公共汽车进城。公共汽车会在 14 点 30 分到达他家附近的公交站。他想算一算他在公共汽车上待的时间，这样他就能知道自己可以在城里停留多长时间。

清晨，当你醒来时，你可能会看到你的闹钟上是这么显示的。

首先，我们知道每天有 24 小时。有些钟可以显示 24 小时的时间，它们被称为 **24 小时制时钟**。在 24 小时制时钟上，12 点表示中午，24 点（0 点）表示午夜。而我们生活中最常见的是 12 小时制时钟。

为了计算出在 12 小时制时钟里，14:30 表示的是几点，我们需要先从 14:30 中减去 12 个小时。

我们可以利用**分解法**来简化计算，先减去 10 小时，再减去 2 小时。

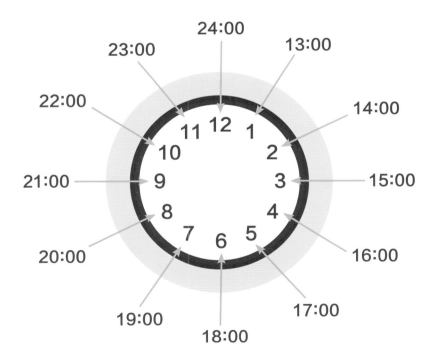

公共汽车时刻表上显示这趟车将在 15 点 26 分到达城里。那么现在，我们来计算一下马丁在公共汽车上将会待多长时间。

请注意：将时间进行分解，可以让计算更简单。另外，别忘了 1 小时等于 60 分钟。

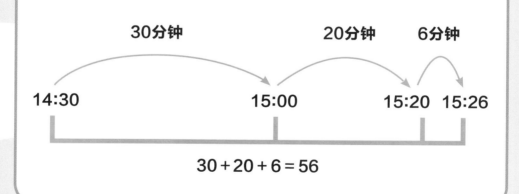

$$30 + 20 + 6 = 56$$

 所以，马丁在公共汽车上将会待56分钟。

让计算更简单！

在 12 小时制时钟里，超过中午 12 点的时间是怎么表示的呢？我们可以从这个时间里减去 12 小时（或者先减去 10 小时，再减去 2 小时）来计算，例如：

13：00　　**13-10 = 3，3-2 = 1，表示下午1：00**
14：00　　**14-10 = 4，4-2 = 2，表示下午2：00**
15：00　　**15-10 = 5，5-2 = 3，表示下午3：00**
16：00　　**16-10 = 6，6-2 = 4，表示下午4：00**
17：00　　**17-10 = 7，7-2 = 5，表示下午5：00**

现在试试这道题吧！

天呐！马丁一不小心错过了这趟公共汽车，还得再等上 45 分钟才能等到下一趟车。现在需要计算一下，他什么时候才能到达城里呢？

走哪条路更近？

艾莎想从家出发去公园玩上一整天，有两条不同的路线可以到达公园，现在她要算一算，走哪条路更近。

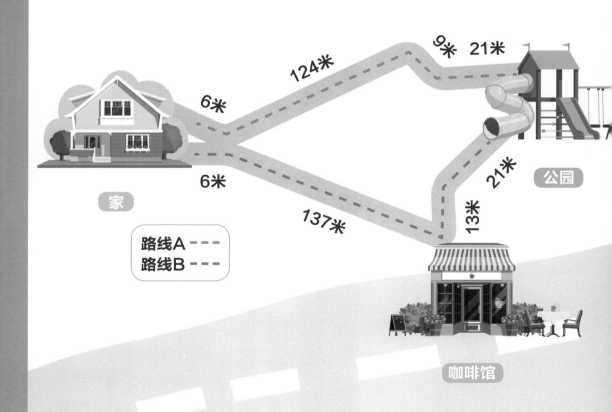

路线A - - - -
路线B - - - -

家

咖啡馆

公园

124米 9米 21米

6米

6米

137米 13米 21米

我们可以列竖式计算每条路线的长度。首先我们将路线 A 中各段的长度放进竖式中。

$$
\begin{array}{r}
\text{百} \quad \text{十} \quad \text{个} \\
6 \\
1 \quad 2 \quad 4 \\
9 \\
+ \quad 2 \quad {}_2 1 \\
\hline
1 \quad 6 \quad 0
\end{array}
$$

我们先将个位上的数字相加。

$$6 + 4 + 9 + 1 = 20$$

所以，我们在个位上写 0，然后向十位上进 2。

我们再把十位上的数字加起来。

$$2 + 2 + 2 = 6$$

另外，百位上除了 1 再没有其他的数字，所以还是写 1。

因此，路线 A 的长度为 160 米。

对路线 B 也进行同样的计算。

$$
\begin{array}{r}
\text{百 十 个} \\
6 \\
1\ 3\ 7 \\
1\ 3 \\
+\ 2\ 1 \\
\hline
1\ 7\ 7
\end{array}
$$

同样，我们还是从个位开始计算。

$$6 + 7 + 3 + 1 = 17$$

所以，我们在个位上写 7，然后向十位上进 1。

接着，我们再把十位上的数字加起来。

$$3 + 1 + 2 + 1 = 7$$

另外，百位上除了 1 再没有其他的数字，所以还是写 1。

因此，路线 B 的长度为 177 米。

现在，如果用路线 B 的长度 177 米减去路线 A 的长度 160 米，会发现路线 A 比路线 B 短 17 米。

$$
\begin{array}{r}
\text{百 十 个} \\
1\ 7\ 7 \\
-\ 1\ 6\ 0 \\
\hline
1\ 7
\end{array}
$$

所以，路线A是去公园更近的路。

温馨小提示

列竖式计算时，一定要记得把每个数字都认真地写在正确的数位上，这样计算时才不会出错。

- -

另外，别忘了把从个位进到十位的数字也加上。

现在试试这道题吧！

在去公园的路上艾莎觉得有点儿饿了，她想先去咖啡馆吃点儿东西。请问艾莎吃完东西还要走多远才能到公园呢？

13

应该往哪个方向走?

杰克和好朋友约好了放学后在游泳馆见面。他知道游泳馆的位置,并且打算从学校出发,那么他该往哪个方向走呢?

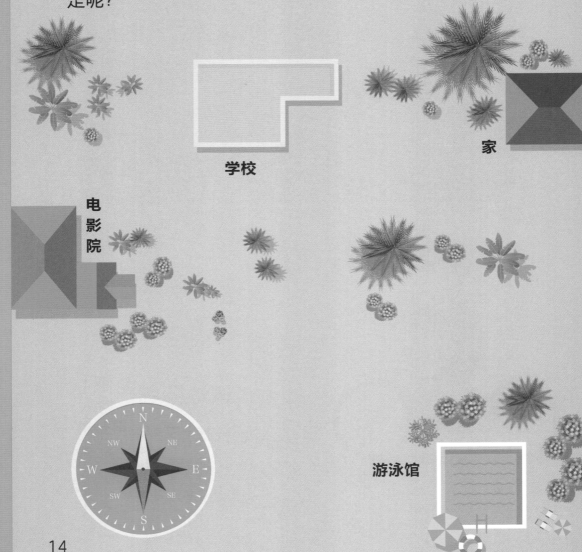

学校

家

电影院

游泳馆

指南针是用来指示方向的，根据底盘上的刻度，我们可以找到东（E）、南（S）、西（W）、北（N）、东南（SE）、西南（SW）、东北（NE）、西北（NW）等方向。

在右图所示的指南针里，指示方位的方位盘的颜色为深蓝色，磁针的颜色是一半黄色、一半浅蓝色，当浅蓝色磁针与字母 S 所在的位置重叠时，磁针黄色部分所指的便是正北方了。

指南针上有刻度，北是刻度为 0° 或 360° 的地方，东是刻度为 90° 的地方，南是刻度为 180° 的地方，西是刻度为 270° 的地方。

15

如果让指南针的指针处于北和东的正中间、北和西的正中间、南和东的正中间、南和西的正中间，这些分别是什么方向呢？

在北和东的正中间是东北方向（NE）。

在北和西的正中间是西北方向（NW）。

在南和东的正中间是东南方向（SE）。

在南和西的正中间是西南方向（SW）。

我们在使用指南针时，一定要水平放置，而且要远离铁丝网、高压线、汽车和飞机，以及其他含有磁铁的物品。

杰克从学校出发，要朝东南方向走才能到游泳馆。

温馨小提示

1. 八个方向: 东、南、西、北、东南、东北、西南、西北。

2. 相对方向: 东→西、北→南、东北→西南、东南→西北。

3. 地图通常是按上北、下南、左西、右东来绘制的。

4. 太阳早上在东方, 傍晚在西方。

5. 影子与太阳的方向相对。

6. 西北风就是从西北方向吹来的风, 吹向东南方向。

现在试试这道题吧!

游泳结束后, 杰克要去看电影。那么从游泳馆到电影院, 杰克要朝哪个方向走呢?

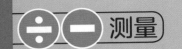

一趟旅程

需要多少升燃油？

莉莉的爸爸准备骑摩托车去旅行，他想让莉莉帮忙算算这趟旅程需要多少升燃油。已知爸爸的摩托车加 3 升燃油可以行驶 45 千米。请问：爸爸行驶 450 千米，摩托车需要多少升燃油呢？摩托车的燃油箱只能装 24 升燃油，那么中途需要加多少升燃油呢？

首先，用摩托车行驶的总路程除以行驶这段路程使用的燃油量，就可以知道摩托车使用 1 升燃油能行驶多远。

$$45 \div 3 = 15$$

所以 1 升燃油可以让摩托车行驶 15 千米。

然后，为了计算出摩托车行驶 450 千米需要多少升燃油，我们可以用它行驶的总路程除以 1 升燃油行驶的路程。

$$450 \div 15 = 30$$

所以，莉莉的爸爸要行驶 450 千米，摩托车需要 30 升燃油。

- -

现在又出现了一个问题，摩托车的燃油箱只能装 24 升燃油。所以莉莉的爸爸需要中途停下来加油。

那么，这辆摩托车中途要加多少升燃油呢？

- -

为了准确计算出答案，我们可以用行驶这段路程的总耗油量减去油箱中最多可以储存的燃油量。

$$30 - 24 = 6$$

所以，这辆摩托车中途要加 6 升燃油。

莉莉的爸爸去旅行共需要30升燃油，中途需要加6升燃油。

让计算更简单!

我们可以运用逆运算来检验我们的答案:

$$450 \div 15 = 30$$

$$30 \times 15 = 450$$

请记得一定要根据题意选择正确的计算方法。

比如我们在题目中看到了"多多少燃油"这样的线索,我们就知道可能会用到加减法。

现在试试这道题吧!

如果摩托车行驶 45 千米需要 5 升燃油,那么莉莉的爸爸在这趟旅程中需要多少升燃油呢?与上文中的燃油需求量相比,这是更省油还是更费油了?

什么时候路上的 车最少？

每周六的早晨、下午和晚上，柔道俱乐部都设置了课程。柔道俱乐部位于城市的另一端，马丁想知道选择什么时间去上课，路上的车最少。下面的图表显示了一天中不同时间路面的交通情况。我们可以通过分析这些图表来帮助马丁做出判断。

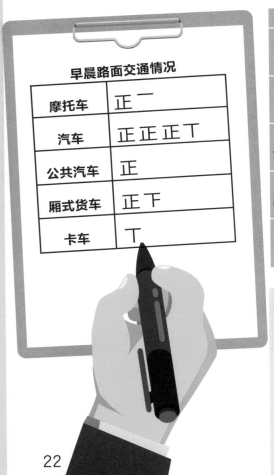

早晨路面交通情况

摩托车	正一
汽车	正 正 正 丁
公共汽车	正
厢式货车	正 下
卡车	丁

下午路面交通情况

摩托车	1
汽车	13
公共汽车	4
厢式货车	2
卡车	8

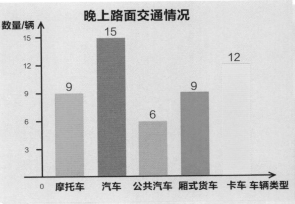

晚上路面交通情况

数量/辆

摩托车 9，汽车 15，公共汽车 6，厢式货车 9，卡车 12 车辆类型

22

早晨的数据是用"正"字计数法表示的。一个"正"字代表数量 5，我们可以很容易数出每一种交通工具的数量并计算出总数。

首先，我们先数一下表中所有"正"字的数量，共有 6 个。

$$6 \times 5 = 30$$

然后，我们再数一下剩余笔画的数量，总共有 8 画。我们把这两个数字相加，就可以得出早晨路面的车辆总数：

$$30 + 8 = 38$$

所以，早晨总共有 38 辆车在路上行驶。

下午的数据体现在**象形统计图**中。象形统计图是用生动的图形来记录数据的，我们可以通过数每一行车辆图形的数量来计算每一种车的数量。

摩托车	汽车	公共汽车	厢式货车	卡车
1	11	4	2	7

首先，我们先把两位数进行分解，即把 11 分解成 10 和 1，再把个位上的数字都加在一起。

$$1 + 1 + 4 + 2 + 7 = 15$$

然后，再加上十位上的数字。

$$15 + 10 = 25$$

所以，下午总共有 25 辆车在路上行驶。

晚上的数据体现在条形统计图中，我们可以通过分析每组对应的频数来查看每种车的数量。

摩托车	汽车	公共汽车	厢式货车	卡车
9	15	6	9	12

首先，我们还是先把两位数进行分解，即把 15 分解成 10 和 5，把 12 分解成 10 和 2，再把个位上的数字都加在一起。

$$9 + 5 + 6 + 9 + 2 = 31$$

接着，我们把十位上的数字相加。

$$10 + 10 = 20$$

最后，我们再把上面计算出的数字加在一起。

$$31 + 20 = 51$$

所以，晚上总共有 51 辆车在路上行驶。

马丁选择下午去上课最好，因为那时路上的车最少。

让计算更简单！

　　"正"字计数法中每个完整的"正"字都有五画，这样我们很容易计算出总数。

- -

　　遇到象形统计图时，要记得仔细观察并找出其中的关键点，因为有时在象形统计图中，一个图案并不一定只代表数量 1。

　　另外，也要注意观察条形统计图中纵轴上的刻度，因为一个单位长度可以表示不同的数。

现在试试这道题吧！

请问路上一整天总共经过多少辆车呢？

停车场里
有多少辆车？

杰克和朋友们组织了一次洗车活动。下图中的这个停车场总共有 4 层可以停车，每层可以停放 128 辆车。那么这个停车场里一共可以停放多少辆车呢？

我们可以用单层停车位的数量乘以可以停车的楼层数量来计算出这个停车场一共可以停放多少辆车。

这里我们采用列乘法竖式的方法来进行计算。

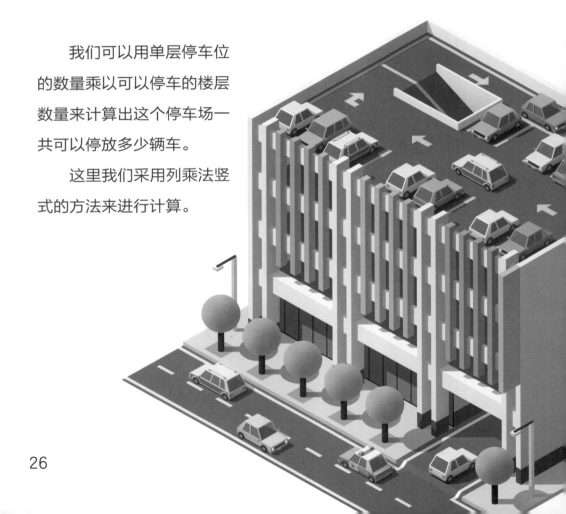

百 十 个
1 2 8
× ₃4
2

先用个位上的数字乘以 4，即：8 × 4 = 32。

所以，我们在横线下方的个位上写 2，并向十位上进 3。

百 十 个
1 2 8
× ₁ ₃4
5 1 2

然后，用十位、百位上的数字，依次乘以 4，即：2 × 4 = 8。在这里，要记得加上个位上进的 3，即：8 + 3 = 11。这里需在横线下方的十位上写 1，并向百位上进 1。再用百位上的数乘以 4，即：1 × 4 = 4。接着，百位再加上十位上进的 1，即：4 + 1 = 5。最后，我们在横线下方的百位上写 5。

所以，这个停车场一共能容纳 512 辆车。

不过，刚才停车场服务员说每层只剩 13 个空位了，而停车场总共有 4 层可以停车，那么现在停车场里有多少辆车呢？

百 十 个
1 3
× ₁4
2

先用个位上的数字乘以 4，即：3 × 4 = 12。

所以，我们在横线下方的个位上写 2，并向十位上进 1。

百 十 个
1 3
× ₁4
5 2

然后用十位上的数字乘以 4，即：1 × 4 = 4。这里需要再加上个位上进的 1，即：4+1=5 。最后，我们在横线下方的十位上写 5。

所以，现在停车场里还剩下 52 个空位。接着，我们再从停车场的总停车位中减去 52，就可以算出现在停车场里有多少辆车了。

百 十 个
5 1 2
－   5 2
      0

先用个位上的数字减去 2，即：$2 - 2 = 0$。所以，我们在横线下方的个位上写 0。

百 十 个
5 1 2
－   5 2
    6 0

十位上的数字 1 减 5 不够减，所以我们需要从百位上借 1。然后在百位数上点一个借点。同时，别忘了将百位的数字减 1。

百 十 个
5 1 2
－   5 2
4 6 0

现在我们再来计算，11 减去 5，即：$11 - 5 = 6$。所以，我们在横线下方的十位上写 6。

此时，百位还剩 4，且没有需要减的数字了，所以，我们在横线下方的百位上写 4 就可以了。

所以，现在停车场里有 460 辆车。杰克和朋友们要洗的车可真多！

温馨小提示

列竖式计算时，一定要记得从个位上开始计算。

- -

千万不要忘了加上前一位进的数。

现在试试这道题吧！

在剩下的停车位里有 35 个空车位是为别人预留的。那么现在还剩下多少个可用的空车位呢？

行驶了大约多少千米？

安娜的爸爸是一位卡车司机。他每天于牛津和利物浦之间往返 2 次，每周工作 5 天。每次往返路程总计 268 千米。安娜知道爸爸每周要开车数千千米，但她想了解更详细的信息。那么安娜的爸爸每周开车行驶多少千米呢？我们把它四舍五入到千位是多少呢？

开往牛津

安娜的爸爸每天往返于牛津和利物浦两地，每周工作 5 天，每天往返 2 次，那么他每周会往返两地 10 次。已知安娜的爸爸每次往返的路程总计 268 千米，要算出他每周开车行驶多少千米，我们需要用 268 乘以 10。

$$268 \times 10 = 2680$$

如果我们要把这个数字四舍五入到百位，我们必须先看十位上的数字。如果十位上的数字大于或等于 5，就先向百位上进 1，再把十位及个位上的数全舍去，改写成 0；如果十位上的数字小于 5，我们就将十位和个位上的数舍去，改写成 0。

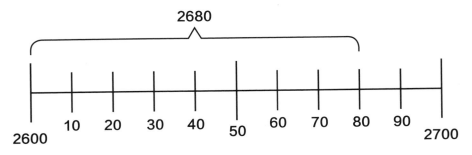

所以，2680 四舍五入到百位是 2700，即安娜的爸爸每周开车行驶约 2700 千米。

如果四舍五入到千位又是多少呢？同样的，我们必须先看百位上的数字。如果百位上的数字大于或等于 5，就向千位上进 1，再将百位及后面的数字改写成 0；如果百位上的数字小于 5，我们就将其舍去，直接把百位及之后的数字改写成 0。

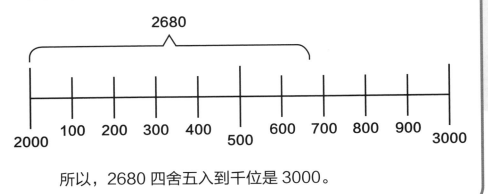

所以，2680 四舍五入到千位是 3000。

现在安娜知道了，爸爸每周开车行驶2680千米，四舍五入到千位是3000千米。

让计算更简单！

要计算一个非零整数乘以 10 的结果，我们只需在原来的数字后面加一个 0 就可以了，例如：

$$268 \times 10 = 2680$$

$$456 \times 10 = 4560$$

四舍五入的原则：小于 5 的要舍弃，大于或等于 5 的要向前一位进 1。

现在试试这道题吧！

现在我们先把安娜爸爸每次往返的路程 268 千米四舍五入到十位，那么安娜爸爸每周开车行驶多少千米呢？

车厢里分别有多少名乘客在做同样的事?

列车里总共有 64 名乘客。有二分之一的人在看手机，有四分之一的人在听音乐，还有八分之一的人在看书，另外八分之一的人望着窗外。

那么车厢里看手机的人、听音乐的人、看书的人和望着窗外的人分别有多少呢?

要计算一个整数的几分之一是多少，我们只需用这个整数乘以这个**分数**，就可以算出结果。有二分之一的人在看手机，那么我们只需用 64 乘以 $\frac{1}{2}$。

$$64 \times \frac{1}{2} = 32$$

所以，车厢里有 32 名乘客在看手机。

同理，要计算出车厢里正在听音乐的乘客有多少，我们只需用 64 乘以 $\frac{1}{4}$，就可算出结果。

$$64 \times \frac{1}{4} = 16$$

所以，车厢里有 16 名乘客在听音乐。

那么有多少名乘客在看书呢？

同样的，我们用 64 乘以 $\frac{1}{8}$ 即可算出结果。

$$64 \times \frac{1}{8} = 8$$

所以，车厢里有 8 名乘客在看书。

另外，从题目中我们可以知道，有 $\frac{1}{8}$ 的人望着窗外，也就是说，望着窗外的乘客数和看书的乘客数一样，都是 8 名。

1							
$\frac{1}{2}$				$\frac{1}{2}$			
$\frac{1}{4}$		$\frac{1}{4}$		$\frac{1}{4}$		$\frac{1}{4}$	
$\frac{1}{8}$	$\frac{1}{8}$	$\frac{1}{8}$	$\frac{1}{8}$	$\frac{1}{8}$	$\frac{1}{8}$	$\frac{1}{8}$	$\frac{1}{8}$

所以，车厢里有32名乘客在看手机，有16名乘客在听音乐，8名乘客在看书，还有8名乘客望着窗外。

让计算更简单！

要计算一个整数的几分之一是多少，我们只需用这个整数乘以这个分数，就可算出结果。

例如：要计算一个整数的 $\frac{1}{2}$ 是多少，我们就用这个整数乘以 $\frac{1}{2}$；要计算一个整数的 $\frac{1}{4}$ 是多少，我们就用这个整数乘以 $\frac{1}{4}$；要计算一个整数的 $\frac{1}{8}$ 是多少，我们就用这个整数乘以 $\frac{1}{8}$。

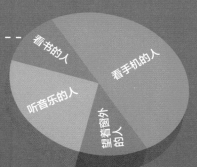

我们也可以用饼状统计图来表示这些数据，这样会更容易理解。

现在试试这道题吧！

如果四分之一的乘客在下一站下车，那么请问车上还剩多少乘客？

小船绕岛行驶了 多远？

  艾莎坐着小船绕岛游玩，她想算出小船绕岛行驶的**距离**。我们已经知道，艾莎坐船花了1个小时，且船长讲了小船前进的速度。现在，我们根据题目中的已知条件，帮艾莎算出答案。

船长说，小船在前 15 分钟内以每小时 32 千米的速度行驶，在接下来的 30 分钟内以每小时 46 千米的速度行驶，在最后的旅程中以每小时 28 千米的速度行驶。

而且我们已经知道坐船绕岛 1 周需要 1 个小时。那么，为了计算出艾莎走过的总距离，就要计算出每一段旅程的**距离**。

旅程的第一阶段花费了 15 分钟，行驶速度是每小时 32 千米，1 小时等于 60 分钟，我们可以先用 15 除以 60，将时间换算成小时。

$$15 \div 60 = \frac{1}{4}$$

要算出第一阶段小船行驶的距离，我们要用 32 乘以 $\frac{1}{4}$。

$$32 \times \frac{1}{4} = 8$$

所以，第一阶段小船行驶的距离是 8 千米。

紧接着，旅程的第二阶段花费了 30 分钟，行驶速度是每小时 46 千米，我们先用 30 除以 60，将时间换算成小时。

$$30 \div 60 = \frac{1}{2}$$

再用 46 乘以 $\frac{1}{2}$。

$$46 \times \frac{1}{2} = 23$$

所以，第二阶段小船行驶的距离是 23 千米。

在旅程的最后阶段，我们得先算出已经游玩了多少时间，并从总时间中减去已经游玩的时间。

$$15 + 30 = 45$$

$$60 - 45 = 15$$

同时，我们知道，要算出在最后 15 分钟内小船走了多远，我们需要用这段时间的行驶速度乘以转化为小时制的时间，即：

$$15 \div 60 = \frac{1}{4}$$

$$28 \times \frac{1}{4} = 7$$

所以，最后阶段小船行驶的距离是 7 千米。

最后，要算出小船行驶的总距离，我们需要把上面求得的数字加起来。

$$8 + 23 + 7 = 38$$

所以，小船绕岛行驶的距离是38千米。

让计算更简单！

把小时**换算**成分钟：

$$1 小时 = 60 分钟$$
$$\frac{1}{2} 小时 = 30 分钟$$
$$\frac{1}{4} 小时 = 15 分钟$$

要把米换算成千米，就用米前面的数值除以 1000。

要把千米换算成米，就用千米前面的数值乘以 1000。

现在试试这道题吧！

另一艘船以每小时 40 千米的恒定速度行驶了 60 分钟。那么请问它行驶了多远呢（以米为单位）？

轮船什么时候靠岸?

莉莉的学校组织的旅行结束了,他们要乘轮船返程。船长刚刚宣布轮船将比预计时间早到13分钟。莉莉想发短信告诉妈妈这个新的到达时间,但是她需要先算出这个时间。

现在我们已经知道，轮船是在 22：30 出发的，且这趟旅程通常需要 8 个小时，但由于航行条件好，它将提前 13 分钟到达。

想要计算出新的到达时间，需要先计算出预定到达时间，然后再从中减去 13 分钟。

这趟旅程需要 8 个小时，在 24 小时制下，要计算出新的到达时间，我们要在 22：30 的基础上加 8 个小时。

22:30 → 23:30 → 00:30 → 01:30 → 02:30 → 03:30 → 04:30 → 05:30 → 06:30

　　预定的到达时间是早上 6 点 30 分，但是莉莉乘坐的轮船会提前 13 分钟到达。

　　所以要从 6 点 30 分里减去 13 分钟，这样才能计算出莉莉真正的到达时间。

$$30 - 13 = 17$$

 所以，轮船将在早上6点17分靠岸。

让计算更简单!

请记住: 1 天有 24 小时, 1 小时有 60 分钟。

- -

使用**分解法**分解小时和分钟, 能让计算变得简单。

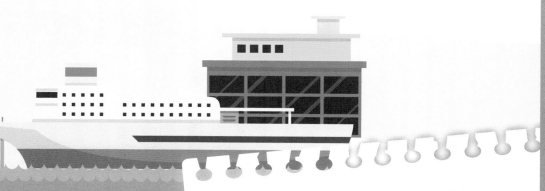

现在试试这道题吧!

如果轮船晚到 22 分钟, 那么请问它将在什么时间靠岸呢?

还能剩下多少 零花钱?

马丁打算先从伦敦到巴黎找朋友玩,然后从巴黎到纽约观光,最后从纽约返回伦敦。这将是一段多么美好的旅程啊!可马丁现在只有1000元的零花钱,在他支付了所有的机票费用之后,他还能剩下多少零花钱呢?

纽约到伦敦
354元

伦敦到巴黎
86元

巴黎到纽约
371元

　　首先，马丁需要把这些机票钱加起来才能算出总的费用。
在这里，可以用分解法来简化计算。

首先把百位上的数字加起来：

$$300 + 300 = 600$$

然后把十位上的数字加起来：

$$70 + 50 + 80 = 200$$

接着把个位上的数字加起来：

$$1 + 4 + 6 = 11$$

最后把求得的所有数字加起来：

$$600 + 200 + 11 = 811$$

从 1000 元中扣除所有的机票费用，就可以知道马丁还剩下多少零花钱了。

我们同样可以用分解法来简化计算。

例如，我们可以把 811 分解成 800、10 和 1，再进行计算，即：

$$1000 - 800 = 200$$
$$200 - 10 = 190$$
$$190 - 1 = 189$$

所以，马丁还剩下189元的零花钱！

让计算更简单！

使用分解法可以让计算更简单。例如：

$$63 - 20$$
$$= 60 + 3 - 20$$
$$= 40 + 3$$
$$= 43$$

现在试试这道题吧！

在购买往返机票时会有优惠，所以从伦敦往返纽约只需要 515 元。如果马丁只去纽约，不去巴黎，他能省下多少钱呢？

要去哪里玩呢?

杰克正在进行一场神秘之旅。现在他仅有的信息就是一些地点的**数对**。他想计算出自己要去哪里,我们来帮一帮他吧!

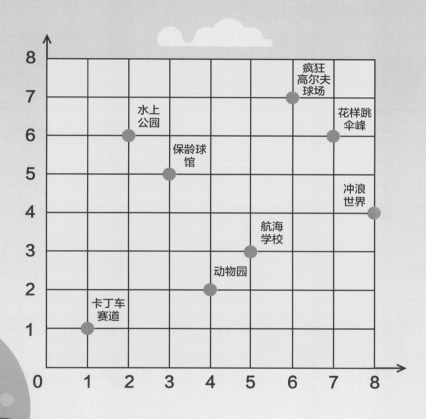

首先，我们来看网格图。我们将网格的横排和竖排分别标上刻度（其中竖排为列，横排为行）。这是为了帮助我们找到这些地点在网格中的位置。

杰克第一站位置的数对是（2，6），这是什么地方呢？

数对（2，6），表示第二列，第六行。所以这个地方指的是水上公园。

杰克下一站位置的数对是（6，7），那么这个地方指的是哪里呢？

在这里，我们不难知道这表示第六列，第七行。这个地方指的是疯狂高尔夫球场。

杰克最后一站位置的数对是（4，2），我们一起来看看这是哪里？

同样，我们不难知道这表示第四列，第二行。所以这个地方指的是动物园。

 所以，杰克要去水上公园、疯狂高尔夫球场和动物园玩。

温馨小提示

在用数对确定点的位置时，竖排叫列（从左往右数），横排叫行（从下往上数）。

 现在试试这道题吧！

请问花样跳伞峰位置的数对是什么呢？

拖拉机需要耕地

多少公顷？

安娜的祖父在郊外有一个农场，每到播种时期，他就开着拖拉机去耕地。安娜的祖父说，他现在每天耕地9公顷，已经耕了4天，在接下来的8天时间里，他要每天耕地10.5公顷，才能全部耕完。安娜想知道，祖父一共有多少公顷的农田？

首先，我们需要计算出在开始的 4 天时间里，安娜的祖父一共耕地多少公顷。

我们用每天的耕地面积 9 公顷乘以耕地时间 4 天。

$$9 \times 4 = 36$$

然后，我们计算接下来的 8 天时间里，一共耕地多少公顷。用每天的耕地面积 10.5 公顷乘以耕地时间 8 天。

在遇到有小数的乘法计算时，要按照整数乘法的计算法则求出积。

$$
\begin{array}{r}
1\,0\,.\,5 \\
\times \quad\;\; 8 \\
\hline
8\,4\,.\,0
\end{array}
$$

最后，我们将前面的两个得数相加。

$$36 + 84 = 120$$

现在，安娜知道了，祖父一共有120公顷的农田。

温馨小提示

小数乘法整数做，

位位相乘别搞错，

因数小数共几位，

积里小数就几位。

- -

如果小数的末尾出现 0，根据小数的基本性质，可以把小数末尾的 0 划去哦！

现在试试这道题吧！

如果祖父每天只想耕地 8 公顷，那么这 120 公顷的农田要耕几天？

数学名词表

24小时制时钟： 一种以数字显示时间的时钟，从凌晨00：00到23：59。

分解法： 把数字分成整千、整百、整十和个位数，以简化计算的方法。

竖式计算： 在计算过程中列一道竖着的式子，相同数位对齐，让计算更简便。

距离： 连接两点间的线段的长度，通常以千米（km）、米（m）、厘米（cm）和毫米（mm）为单位。

指南针： 用来判断方位的一种简单仪器。生活中常用指南针指示方向，所指方向包括东、南、西、北等。

象形统计图： 用事物图形记录数据的图表。

条形统计图： 用条形的长短表示数量多少的统计图。

分数： 把一个单位平均分成若干等份，表示其中的一份或几份的数。

换算： 把某种单位的数量折合成另一种单位的数量。例如千米（km）转换为米（m）；厘米（cm）转换为毫米（mm）；小时（h）转换为分钟（min）。

数对： 数对是一个表示位置的概念。前一个数字表示列，后一个数字表示行。如（2，3）表示的位置是第二列，第三行。